真相秘密研究

熊 伟 编著　丛书主编 周丽霞

太空：航天飞行全记录

汕头大学出版社

图书在版编目（CIP）数据

太空：航天飞行全记录 / 熊伟编著. -- 汕头：汕
头大学出版社，2015.3（2020.1重印）
　（学科学魅力大探索 / 周丽霞主编）
　ISBN 978-7-5658-1681-9

　Ⅰ. ①太… Ⅱ. ①熊… Ⅲ. ①宇宙－青少年读物
Ⅳ. ①P159-49

中国版本图书馆CIP数据核字(2015)第027423号

太空：航天飞行全记录　　TAIKONG：HANGTIAN FEIXING QUANJILU

编　著：熊　伟
丛书主编：周丽霞
责任编辑：胡开祥
封面设计：大华文苑
责任技编：黄东生
出版发行：汕头大学出版社
　　　　　广东省汕头市大学路243号汕头大学校园内　邮政编码：515063
电　话：0754-82904613
印　刷：三河市燕春印务有限公司
开　本：700mm×1000mm　1/16
印　张：7
字　数：50千字
版　次：2015年3月第1版
印　次：2020年1月第2次印刷
定　价：29.80元
ISBN 978-7-5658-1681-9

前言

　　科学是人类进步的第一推动力，而科学知识的学习则是实现这一推动的必由之路。在新的时代，社会的进步、科技的发展、人们生活水平的不断提高，为我们青少年的科学素质培养提供了新的契机。抓住这个契机，大力推广科学知识，传播科学精神，提高青少年的科学水平，是我们全社会的重要课题。

　　科学教育与学习，能够让广大青少年树立这样一个牢固的信念：科学总是在寻求、发现和了解世界的新现象，研究和掌握新规律，它是创造性的，它又是在不懈地追求真理，需要我们不断地努力探索。在未知的及已知的领域重新发现，才能创造崭新的天地，才能不断推进人类文明向前发展，才能从必然王国走向自由王国。

　　但是，我们生存世界的奥秘，几乎是无穷无尽，从太空到地球，从宇宙到海洋，真是无奇不有，怪事迭起，奥妙无穷，神秘莫测，许许多多的难解之谜简直不可思议，使我们对自己的生命现象和生存环境捉摸不透。破解这些谜团，有助于我们人类社会向更高层次不断迈进。

其实，宇宙世界的丰富多彩与无限魅力就在于那许许多多的难解之谜，使我们不得不密切关注和发出疑问。我们总是不断去认识它、探索它。虽然今天科学技术的发展日新月异，达到了很高程度，但对于那些奥秘还是难以圆满解答。尽管经过许许多多科学先驱不断奋斗，一个个奥秘不断解开，并推进了科学技术大发展，但随之又发现了许多新的奥秘，又不得不向新的问题发起挑战。

宇宙世界是无限的，科学探索也是无限的，我们只有不断拓展更加广阔的生存空间，破解更多奥秘现象，才能使之造福于我们人类，人类社会才能不断获得发展。

为了普及科学知识，激励广大青少年认识和探索宇宙世界的无穷奥妙，根据最新研究成果，特别编辑了这套《学科学魅力大探索》，主要包括真相研究、破译密码、科学成果、科技历史、地理发现等内容，具有很强系统性、科学性、可读性和新奇性。

本套作品知识全面、内容精炼、图文并茂，形象生动，能够培养我们的科学兴趣和爱好，达到普及科学知识的目的，具有很强的可读性、启发性和知识性，是我们广大青少年读者了解科技、增长知识、开阔视野、提高素质、激发探索和启迪智慧的良好科普读物。

目 录

太阳系的环形山

环形山的发现

1959年，前苏联发射了"月球3"号探测器飞到月球，它在距月球背面地表6200千米的高空拍下了照片。

1964年，美国的"徘徊者7"号探测器也发回了4000多张月球照片。从这些照片上可见，月球背面和正面都有环形山，背面的

环形山不但数量多，而且面积大，有些环形山排成一串，绵延几百千米。最大的环形山是贝利环形山，直径达295千米。

1965年，美国"水手4"号探测器发现了火星上的环形山。

1974年，"水手10"号探测器发现水星表面也星罗棋布地排列着众多的环形山。这些重要发现极大地引起了人们对环形山的观测兴趣，不久人们又在太阳系的许多其他行星上也发现了环形山。

地球上已知的环形山有几十个，主要分布在加拿大和澳大利亚，它们的直径大者为100多千米，小者为几千米，最有名的是美国亚利桑那州的亚利桑那陨石坑。

最庞大的环形山

2008年6月26日，美国国家宇航局天文学家宣布，他们发现

了太阳系中最为庞大的一座环形山。借助"火星勘测轨道器"和"火星全球勘测者"两部探测器传回的最新观测数据,科学家们成功绘制出了火星重力分布图,并确定了其主要元素的目录。

专家们还成功破解了导致火星南北半球存在巨大差异的秘密。在此之前,科学家们一直无法解释,火星上各处的气候条件相差并不明显,为什么火星南北半球的地形会存在如此巨大的差异?据最新的观测数据显示,一座尺寸堪称太阳系之最的环形山是导致上述差异的主要原因。

　　NASA喷气推进实验室的专家们通过与麻省理工学院的同行进行合作得出结论称：在火星北半球存在着一个巨大的盆地。由于该环形山的外形非常平滑，与周围的落差并不是非常巨大，因此也被称为"大北方盆地"，几乎占据火星北半球40％的面积，而这正是火星在形成的后期遭猛烈撞击后留下的遗迹。该盆地的宽度为5500千米，而长度则达到10600千米。要形成如此巨大的环形山，当年撞击火星的天体的直径应不小于1950千米，体积甚至超过冥王星。通过对"大北方盆地"的形状进行判断，科学家们指出，与火星相撞的天体并非常见的圆形，而是一个巨大的椭球体，撞击发生的时间是在大约39亿年前。

环形山的特征

　　环形山在希腊文中的意思是"碗"，所以通常指碗状凹坑结构。环形山这个名字是伽利略提出的。环形山是月球表面上最显著

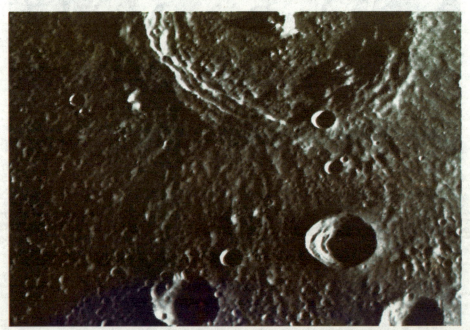

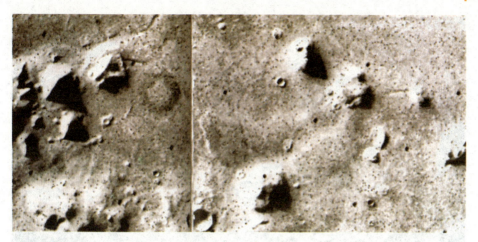

的地貌特征。月球表面上星罗棋布、重重叠叠的环形山酷似地球上的火山口，中央有一块圆形的平地，外围是一圈隆起的山环，内壁陡峭，外坡平缓。环形山的中间有一个陷落的深坑，周围有高耸直立的岩石，环形山的高度一般在7000米至8000米之间。

月球上的环形山大小不一，直径相差很悬殊，小的环形山直径不足10000米，有的仅一个足球场大小；大的环形山直径超过100千米。直径大于1000米的环形山总数达33000多个，占月球表面积的10%；至于更小的名副其实的月坑则数不胜数了。

环形山的构造十分复杂，种类也繁多。但是按它们形成的先后顺序来划分，基本上可分为古老型与年轻型两类。有个日本学者在1969年提出一个环形山分类法，分为克拉维型、哥白尼型、阿基米德型、碗型和酒窝型。

环形山形成的假说
关于环形山的成因，长期以来让科学家们一直争论不休，并提出了形形色色的假说，如潮汐说、气泡说、旋涡说、火山说和撞击说。其中最有影响的是火山喷发说和陨星撞击说。

　　以月球为例，它的一些环形山是与火山活动有关的，虽然月球上的火山活动早已停止。另有证据表明，在40亿年前月球曾受到大规模陨星袭击。据估计，月球环形山中的83％与陨星轰击有关，17％与火山活动有关。但太阳系内其他环形山的成因却没有月球上的明显，因此科学家们一方面要继续观测，另一方面又要对太阳系内各行星和卫星之间进行比较研究，所以太阳系环形山之谜被解开还需要一段时间。

延 伸 阅 读

　　很早以前，人们曾试图根据地球表面沉积岩的积累厚度，海水含盐度随时间的增加，地球内部的冷却率等来估算地球的年龄。但是这些过程的变化速率在地球的历史上是不恒定的，因此不可能得到正确的年龄估计。

飞向蓝色的天空

　　白天的天空总是蔚蓝色，天为什么是蓝的，而不是绿色或红色呢？

　　首先我们要明白一个道理：我们周围的事物之所以显现出颜

色来，仅仅是因为阳光照射它们。虽然阳光看上去是白色的，但是所有的颜色，红、橙、黄、绿、青、蓝、紫，在阳光里都存在。

天空里有这么多颜色，为什么我们平时看到的只有蓝色呢？如果把光线设想为波浪，你就会破解这个谜了。

光就像一个波浪那样在不停地运动。我们来设想一下一滴雨落在一个水洼里的情景。当这滴雨落到水面上时，就会产生小波浪，波浪一起一伏地变成更大的圈，向着四面八方扩展开去。如果这些波浪碰上一块小石子或一个别的什么障碍物，它们就会反弹回来，改变了波浪的方向。

　　而阳光从天空照射下来，一样会连续不断地碰到某些障碍。光线从这些众多的小"绊脚石"上弹回，自然也就改变了自己的方向。可是那么多颜色的光改变了方向，为什么只有蓝色被看到呢？

　　我们还得回到刚才说的那个水洼里。水洼里，小的波浪遇到小石子的话，水面便被搞得混乱不堪；但如果是一个"巨浪"，假如你用手在水洼边掀起的那种"巨浪"，它就有可能干脆从石头上溢过去，并畅通无阻地到达水洼的对面边缘。

　　那么，就像有大波浪和小波浪一样，各种各样颜色的光波也有不同的"波浪"，也就是波长，不过它们不像水波的波浪，能

用肉眼看出大小，因为波长小得难以想象，它们只是一根头发的1/100，得用很灵敏的测量仪表才可以精确地测定出来的。

根据科学家的测定，蓝色光和紫色光的波长比较短，相当于"小波浪"；橙色光和红色光的波长比较长，相当于"大波浪"。当遇到空气中的障碍物的时候，蓝色光和紫色光因为翻不过去那些障碍，便被散射得到处都是，布满整个天空，天空就是这样被散射成了蓝色。

发现这种散射现象的科学家叫瑞利，他也是1904年诺贝尔奖获得者。

其实从地球以外望过来也是一样：覆盖我们地球2/3面积的海水也散发着蓝光，陆地上虽然有土地的褐色或森林的绿色，然而上空却总是蓝色的。从宇宙中看来，整个地球都被裹着一块轻柔的蓝色面纱。

所以，地球被称作"蓝色星球"是完全正确的。它那独特的蓝色，就是生命的颜色。

延 伸 阅 读

在北极地区、海洋上或其他一些地方，人们看到一种罕见的自然奇观：四角形的太阳、绿色的太阳和蓝色的太阳。1979年，波兰的"晨星"号帆船上的水手们看到了一闪即逝的绿色太阳，它发射绿宝石那样的艳丽绿光。

变幻莫测的太阳

惊现蓝色太阳

1965年的春天，北京的上空出现了一次特大的沙尘暴，倾刻间天昏地暗，黄沙滚滚，粉末似的黄土从空中洒落下来。顿时，人们发现一个奇怪的现象，太阳忽然失去了耀眼的光芒，变成了蓝莹莹的颜色，沙尘暴过后才慢慢恢复原状。

1883年，印尼喀拉喀托火山爆发，火山灰飘到地球大气层高处，当夜人们看到的月亮也是蓝色的。

绿太阳奇观

如果运气好，还可以观赏到绿太阳。七彩光轮相互重叠产生白光，在太阳的上下边缘，光轮的颜色不混合，在太阳的上缘呈蓝色和蓝绿色。这两种光轮穿过大气

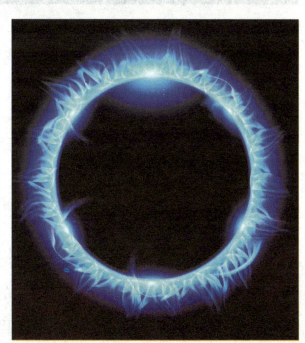

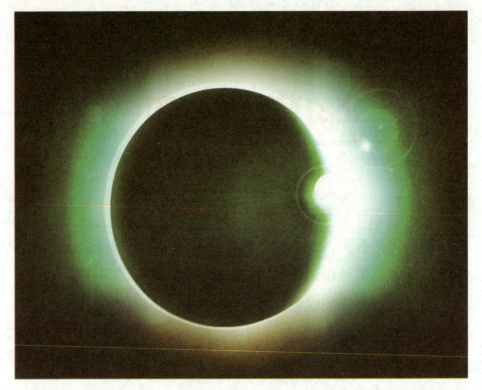

层时的命运不同。蓝光受到强烈散射，几乎看不见，而绿光就可以自由地透过大气，当条件适合时，便可以看到绿色的太阳。

太阳变蓝的原因

太阳光大多是氢、氦原子的电离光波，接近蓝色频区，因为它太亮，所以看起来是白色的。太阳光在穿过大气层时被空气吸收产生频率红移。在早晚看太阳是红色的就是这个原因。在沙尘暴天气时，空气中沙尘粒子对红色光波的吸收能力较强，所以太阳看起来呈现微弱的蓝色。

从天文科学的观点分析，月亮颜色与其反射太阳光的原理有关。在通常情况下，月亮呈现出珍珠白的颜色，有时可见淡黄色。只有在一定情况下月亮才会呈现出蓝色。

据物理学家介绍，如果大气层中悬浮有大量的灰尘颗粒，并且大气中还夹杂着小水珠的情况下，看上去才会是蓝色的。

观看绿太阳的条件

绿太阳的出现，需要天时、地利、人和。

天时：是指日落时，太阳黄白色光没多大变化，并且在落山时鲜艳明亮，就是说大气对光的吸收不大，而且是按比例进行的。

地利：是指观测点适当，站在小山丘上，远处地平线必须是清晰的，如近处没有山林、没有建筑物遮挡。

人和：在太阳未落到地平线时，不能正视太阳。当太阳快要沉没，只留下一条光带时，就是观看绿色闪光的时刻，应目不转睛地注视着太阳，享受美妙的一瞬间，虽然它的出现不会超过3秒钟，但给人留下的印象却永生难忘。

我国古人的观察

在我国，传说在公元前27世纪的帝尧时期，已经有了专司天文的官员羲和负责观象授时。帝尧曾派大臣羲仲到山东半岛去祭祀日出，目的是为了祈祷农耕顺利。当时已经用太阳纪年了，一年为365天。

公元前600年左右的春秋时代，人们能够用土圭观测日影长短的变化，来确定冬至和夏至的日期。在我国的甲骨文上还有世界最早的日食记录，即发生在公元前1200年左右。大约从魏晋时期开始，我国就能比较准确地预报日食了，并且逐渐形成了一套独特的方法和理论，这也是我国天文学史上的一项重要成就。

对于地球上的人们，乃至地球上的一切来说，太阳无疑是非常重要的。把太阳作为远离地球的天体来研究已经有了日新月异的发展，从而使我们对所了解的有关太阳的知识也日益丰富和准确起来。

发现四方形太阳

我们所看到的太阳总是圆的，但有人确实见到过方形的太阳。1939年的夏天，美国学者查贝尔来到高纬度地带观察夕阳的变化。他希望能够看到一种奇异的景象，然而3个月过去了却什么也没看到。

9月13日傍晚，查贝尔照常观测着太阳。就在太阳快要落下去的时候，奇景出现了：又大又圆的太阳变成了椭圆形，不久太阳的下边像被刀切过一样，变成了一条和地面平行的直线。

接着，上面一侧的圆弧也渐渐变得平直，最后也成了一条直线，太阳变成了四方形。查贝尔兴奋极了，迅速按动照相机的快门，拍下这一珍贵的镜头。

查贝尔的发现引起了许多人的关注，他们争先恐后地赶到这一地区来观看奇景。但是，看到这一奇景的机会并不太多，拍摄下的照片就更少了。日本学者在北极地区有幸目睹了这一奇观，并拍下了太阳由圆变方的一系列镜头。

再次惊现方太阳

2003年10月18日17时，湖南省长沙一中初三学生邓棵无意间

看到一个奇特的天象：天上的太阳竟然是方的。邓棵家住开福区松桂园附近。当时，他做完作业到外面休息，抬头看了看夕阳，突然发现有点儿不对头，太阳好像有点儿偏方形。于是，邓棵拿起随身携带的数码相机，对准太阳进行变焦拉近，结果发现太阳下部像被削平一般类似方形。他跟踪了约3分钟，找准时机拍摄下来一个最接近方形的太阳。

邓棵回去查找有关资料，得知这种罕见的奇观最早在1939年被美国的查贝尔拍到过，1978年日本人掘江谦也曾拍下来。后来，我国也有人看见过方形的太阳，但没拍摄下来。

方太阳形成的原因

我们所看到的太阳总是圆的，但有人确实见到过方形的太阳。

1933年9月13日日落时，学者查贝尔在美国西海岸拍下了有棱有角的方太阳照片。当时太阳并没有被云彩遮住，为什么会变成方形的呢？一种说法认为，方形太阳是由变幻莫测的大气造成的。在地球的南北两极，靠近地面和海面的空气层温度很低，而上层空气的温度高，从而使得下层空气密集，上层的空气比较稀薄。

大气层有厚度，阳光透过大气层产生折射，日出和日落时太阳接近地平线表面，位置比平常低，是由于角度的关系，而地平线上时常有遮挡物，比如树、房屋、建筑，在海平面上没有这些，所以就看得清楚了。日落期间，当光线通过密度不同的两个空气层时，由于光的折射，它不再走直线，而是弯向地面一侧。太阳上部和下部的光线都被折射得十分厉害，几乎成了平行于地

平线的直线，这样便形成了奇妙的方太阳。

目前，方太阳的成因尚无定论。有的专家认为是空气折射造成的，一般发生在夏秋季节的落日时；也有人认为这是一种海市蜃楼的虚幻景象。究竟哪种说法对？有待科学家进一步研究。

延 伸 阅 读

義和被称为我国的太阳女神，东夷人祖先帝俊的妻子，生了10个太阳。羲和又是太阳的赶车夫。因为有着这样不同寻常的本领，所以在上古时代，羲和又成了制订时历的人。

太阳夜出奇观

晚上出现的太阳

太阳一般都在白天出现，但在现代，"太阳夜出"的现象曾频频出现。

1981年8月7日晚，四川省汉源县宜东区某村，人们在村旁的凉亭里乘凉时发现天空越来越亮，一个红红的火球从西面的山背后爬出来，放射出耀眼的光芒。

1989年8月7日晚，江苏省兴化市唐刘乡姜家村西南方向约1000米远，20米高的空中，出现了一个圆圆的火球，像太阳一样，放射出耀眼的光芒，河水都被映得火红一片，持续了10多分钟。当时那个村有近1千人亲眼目睹了这一奇观，但人们并不知道太阳夜出的原因。

国外太阳夜出现象

太阳夜的现象在外国也曾出现过。1596年至1597年的冬天，航海家威廉·伯伦兹到达北极的新地岛时，恰好遇到了长达176天的极夜。

威廉和船员们无法航行，只好耐心等待极昼的到来。然而，在离预定日期还有半个月时，一天，太阳突然从南方的地平线喷薄而出。

人们惊喜万分，纷纷收拾行装准备航行，可是转眼之间，太阳又落入了地平线，四周重新又笼罩在漆黑的夜色中。

太阳夜出的原因

事实上这是不可能的。气象专家分析，夜里出现的太阳其实是一个圆形的极光，即冕状极光。

专家解释，太阳表面不断向外发出大量的高速带电粒子流，这些粒子流受到地球磁场的作用，闯进地球两极高空大气层，使大气中粒子电离发光，这就是极光。

当太阳活动强烈，发出的带电粒子流数量特别多、能量特别大时，大气受到带电粒子撞击的高度就会升高，范围就有可能向中低纬度地区延伸。

在天气晴好的夜间，一种射线结构的极光扩散

为圆形的发光体，并且快速移动，亮度极大，由此被人们误认为是太阳。也有的专家认为，夜出太阳其实是一种光学现象，到底是怎么回事，至今仍是个谜。

延 伸 阅 读

《汉书·地理志》记载：西周末期，莱国首都地区的人们突然看到太阳出现在夜空，四周如同白昼。大臣说这是国家兴盛的预兆，因此该地区被命名为"不夜县"。

五彩缤纷的彩虹

彩虹形成的原因

彩虹是气象中的一种光学现象，是当阳光照射到半空气中的雨滴，光线被折射及反射，在天空上形成拱形的七彩光谱。彩虹的七彩颜色，从外至内分别是：红、橙、黄、绿、青、蓝、紫。

彩虹是因为阳光射到空中接近圆形的小水滴，造成色散及反射而成的。阳光射入水滴时会同时以不同角度入射，在水滴内亦

以不同的角度反射，其中以40度至42度的反射最为强烈，造成我们所见到的彩虹。发生这种反射时，阳光进入水滴，先折射一次，然后在水滴的背面反射，最后离开水滴时再折射一次。因为水对光有色散的作用，不同波长的光的折射率有所不同，蓝光的折射角度比红光大。由于光在水滴内被反射，所以观察者看见的光谱是倒过来的，红光在最上方，其他颜色在下。

其实只要空气中有水滴，而阳光正在观察者的背后以低角度照射，便可能产生彩虹现象。彩虹最常在下午雨后刚转天晴时出现。这时空气内尘埃少而充满小水滴，天空的一边因为仍有雨云而较暗。而观察者头上或背后已没有云的遮挡而能看见阳光，这样彩虹便会较容易被看到。另一个经常可见到彩虹的地方是瀑布附近。在晴朗的天气下，背对阳光在空中洒水或喷洒水雾，亦可以人工制造彩虹。

彩虹可预报天气

空气里水滴的大小决定了虹的色彩鲜艳程度和宽窄。空气中的水滴大，虹就鲜艳，也比较窄；反之，水滴小，虹色就淡，也比较宽。我们面对着太阳是看不到彩虹的，只有背着太阳才能看到彩虹，所以早晨的彩虹出现在西方，黄昏的彩虹总在东方出现。可我们看不见，只有乘飞机从高空向下看才能见到。虹的出现与当时天气变化相联系，一般我们从虹出现在天空中的位置可以推测当时将出现晴天或雨天。东方出现虹时，本地是不大容易下雨的，而西方出现虹时，本地下雨的可能性却很大。

彩虹的明显程度取决于空气中小水滴的大小，小水滴体积越大，形成的彩虹越鲜亮，小水滴体积越小，形成的彩虹就不明

显。一般冬天的气温较低，在空中不容易存在小水滴，下阵雨的机会也少，所以冬天一般不会有彩虹出现。

彩虹的所在位置

彩虹其实并非出现在半空中的特定位置。它是观察者看见的一种光学现象，彩虹看起来的所在位置会随着观察者的位置而改变。当观察者看到彩虹时，它的位置必定是在太阳的相反方向。彩虹的拱以内的中央，其实是被水滴反射放大了的太阳影像。所以彩虹以内的天空比彩虹以外的要亮。

彩虹拱形的正中心位置刚好是观察者头部影子的方向，虹的本身则在观察者头部的影子与眼睛一线以上40度至42度的位置。因此当太阳在空中高于42度时，彩虹的位置将在地平线以下而不可见。这也是为什么彩虹很少在中午出现的原因。

彩虹由一端至另一端，横跨84度。以一般的35毫米照相机，需要焦距为19毫米以下的广角镜头才可以用单格把整条彩虹拍下。倘若在飞机上，看见的彩虹是完整的圆形而不是拱形，而圆形彩虹的正中心则是飞机行进的方向。

彩虹奇观

有些时候，天空会同时出现一明一暗两条彩虹，较暗的称为副虹，又称霓。副虹是阳光在水滴中经两次反射而成。当阳光经过水滴时，它会被折射、反射后再折射出来。

在水滴内经过一次反射的光线，便形成我们常见的彩虹，即主虹。若光线在水滴内进行了两次反射，便会产生第二道彩虹，即霓。

霓的颜色排列次序跟主虹是相反的。由于每次反射均会损失一些光能量，因此霓的光亮度较弱。两次反射最强烈的反射角出现在50度至53度，所以副虹位置在主虹之外。因为有两次的反射，副虹的颜色次序跟主虹反转，外侧为蓝色，内侧为红色。

副虹其实一定跟随主虹存在，只是因为它的光线强度较低，所以有时不被肉眼察觉而已。

晚虹是一种罕见的现象，在月光强烈的晚上才可能出现。由于人类视觉在晚间低光线的情况下难以分辨颜色，故此晚虹看起来好像是全白色的。

彩虹为什么总是弯曲的

光的波长决定光的弯曲程度。事实上，如果条件合适的话，可以看到整圈圆形的彩虹。彩虹的形成是太阳光射向空中的水珠经过折射→反射→折射后射向我们的眼睛所形成。不同颜色的太阳光束经过上述过程形成彩虹的光束与原来光束的偏折角约138度。也就是说，若太阳光与地面水平，则观看

彩虹的仰角约为42度。

想象你看着东边的彩虹，太阳在从背后的西边落下。白色的阳光穿越了大气，向东通过了你的头顶，碰到了从暴风雨落下的水滴。当一道光束碰到了水滴，会有两种可能：一是光可能直接穿透过去，或者更有趣的是，它可能碰到水滴的前端，在进入水滴时内部产生弯曲，接着从水滴后端反射回来，再从水滴前端离开，往我们的方向折射出来。这就是形成彩虹的光。

光穿越水滴时弯曲的程度视光的波长而定——红色光的弯曲度最大，橙色光与黄色光次之，依此类推，弯曲最小的是紫色光。每种颜色各有特定的弯曲角度，阳光中的红色光，折射的角度是42度，蓝色光的折射角度只有40度，所以每种颜色在天空中出现的位置都不同。若你用一条假想线，连接你的后脑勺和太阳，那么与这条线呈42度夹角的地方就是红色所在的位置，这些不同的位置勾勒出一个弧。既然蓝色与假想线只呈40度夹角，所

以彩虹上的蓝弧总是在红色的下面。

　　彩虹之所以为弧形，这当然与其形成有着不可分割的关系。由于地球表面为一曲面，而且还被厚厚的大气覆盖，雨后空气中的水含量比平时高，阳光射入空气中的小水滴形成了折射，同时由于地球表面的大气层为一弧面从而导致了阳光在表面折射，形成了我们所见到的弧形彩虹。

延　伸　阅　读

　　中国唐代时，精通天文历算之学的进士孙彦先便提出"虹乃与中日影也，日照雨则有之"的说法，解释了彩虹乃是水滴对阳光的折射和反射。孙彦先的发现后来也被宋代沈括的《梦溪笔谈》所引用及证实，且沈括也细微地观察到虹和太阳的位置与方向是相对的现象。

神秘的绿色火球

绿色闪光奇现

1948年至1951年的3年时间里，美国西南部出现了一股目击绿色火球的浪潮。由于它们出现在美国一些最机密的基地附近，美国军方和政府机构担心敌人的特工与那些火球有关。

最早的目击事件发生在1948年12月5日晚上。两名在新墨西

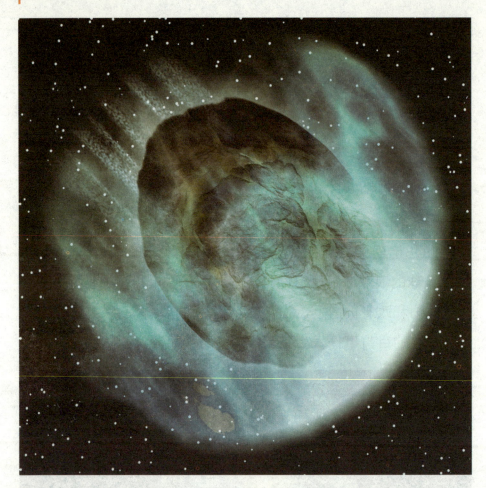

哥州上空飞行的飞行员在相隔22分钟的不同时间均报告发现了淡绿色的亮光，各出现了几秒钟。

两位目击证人坚持说那不是他们曾经见过的流星，而是某种奇怪的闪光。第二天，在超级机密核设施桑地亚基地的上空也出现了长达3秒的"绿色闪光"。

军事专家的调查

12月6日，空军第七区特别调查处针对"绿色闪光"现象展开了调查。次日夜间，两名飞行员发现在距地面607米的地方有一个奇怪的物体。他们注意到该物体平行于地面移动，闪烁着空军通常使用的信号灯。

他们后来报告说："然而那亮光更加强烈，比普通的探照灯要大得多。它确实比流星或探照灯要更大和更亮。"

几秒钟后，那东西似乎燃尽了……化作橘红色的闪光碎片朝地面坠落下去。

拉帕兹认为，那些绿色的闪光同他听说的任何流星都不同。没有多久，这位科学家亲自看见了一次绿色的闪光。根据自己的观测和安全署飞行员的证词，拉帕兹认为那物体不是流星，因为它飞得太慢、太安静。

1949年初，拉帕兹做出结论，即那些闪光不是自然现象，而是某些人或某些东西放置的。

军官和科学家共同研究

1949年4月下旬，美国物理学家约瑟夫·卡普兰来到科特兰空军基地。卡普兰、拉帕兹和其他一些人讨论决定，在新墨西哥州的几个地方建立一个观测网络。

与此同时，在得克萨斯州中部的奇伦基地附近，不断有人目击了小白亮光或探照灯。

位于得克萨斯州中部圣安东尼奥市的空军特别调查处处长雷德·拉姆斯登指出：“胡德营附近的未知现象不可能出自自然原因。”

尽管按卡普兰的话来说，它们的一些特征难以解释，然而华盛顿的官员无视地方专家和证人的证词，认定火球和亮光都是自然现象。

运用科学进行检验

1949年夏，新墨西哥州的大气样本得到了检，其中含有无法解释的、异常高的铜微粒量，暗示那与火球目击事件有关。拉帕兹认为，这是进一步说明火球不是流星的证据，他说："我从未听说过与流星有关的尘埃样本中会有铜粒子存在。"

尽管目击了一些有趣的现象，1951年12月，闪光计划还是由于缺乏资金、设备和人力而终止。

许多人认为，这个计划的失败丧失了一个收集此类不明飞行物的可靠信息的机会。许多参与调查的科学家都相信那些火球不是自然现象，而是人为造成的。1953年，空军不明飞行物调查小

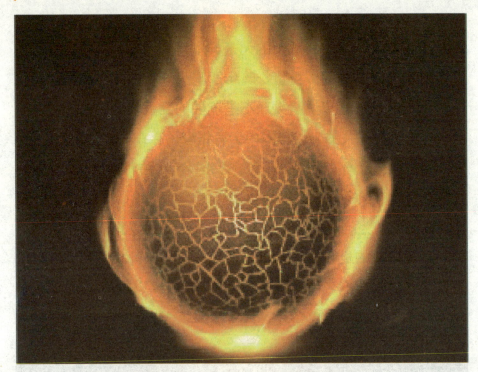

组组长爱德华·鲁皮特上尉与洛斯·阿拉莫斯实验室的科学家们谈论过火球事件，他们认为那些物体可能是从外星人的太空船上发射出来的。

延 伸 阅 读

2007年11月29日，澳大利亚南部天空忽然出现一个巨大的绿色发光球，从天空中一闪而过，随即消失不见，留下一道绿色的光带，让当地居民大为恐慌。有人猜测这个神秘物体可能是彗星。

与多个太阳相遇

多个太阳并现奇观

你见过天空中同时出现几个太阳的奇特景象吗？你肯定不相信，确实，天文学家已明确告诉我们，只有一个太阳。

可是，现实生活中确实出现过好几个太阳同时挂在天空的奇异景象。

1661年2月20日，波兰格但斯克出现了7个太阳并现的奇景。

1790年7月18日，俄国圣彼得堡出现了6个太阳。

　　1866年4月的一天，俄国乌克兰地区的人们看到了8个太阳并出的景象。

　　1970年12月3日，有人画下了加拿大萨斯卡通市8个太阳并现的图像。

　　1971年5月5日9时，我国小兴安岭上空10个太阳并现，人们无不称奇。

　　1985年1月3日11时，学者刘贵在黑龙江省绥化市画下了5个太阳并现的图像，图像在刊物上发表。

　　1988年1月27日上午，河南省漯河市气象站的刘跃红画下了5个太阳并现的图像，图像在刊物上发表。

1988年3月7日日出后，沈阳出现了两个太阳并升的景象。

这样的奇观还可以举出许多例子。

为何多的太阳是假的

其实，这多个并现的太阳中只有一个是真太阳，其他都是假太阳。假太阳称为假日、幻日或伪日，属于晕的一种表现形式。晕就是民间俗称的风圈，它是由于太阳光或月光在云中冰晶上发生反射和折射而形成的。

在距地面六七千米以上的高空，确实有一种由小冰晶组成的乳白色的丝缕状的薄云，其学名叫卷层云。

构成这种云的小冰晶就好像三棱镜一样，当日光或月光照到

它们时就会产生反射和折射现象，如果角度合适就会形成彩色或白色光圈、光弧、光点或假日，统称为"晕"。通常太阳或月亮周围只有一个晕圈，但个别时候也会出现相互套着的多个晕圈、晕弧，当天空出现这种现象时，地球上的人们就会看见多个假日并现的怪晕了。

延 伸 阅 读

晕是指悬浮在大气中的冰晶对日光，以及月光的折射和反射作用而形成的光学现象，呈环状、弧状、柱状或亮点状。

幻日是日晕的一种特殊形式，由云层中的冰晶折射造成，是一种光学现象，在南北极比较常见。

天狗吃月亮

有多少优美的诗篇，歌颂迷人的月宫；有多少动人的传说，给月亮蒙上一层层神秘的面纱……

月亮的形状在一个月里天天都在发生变化，有时圆得像个大圆盘，有时又弯弯的像艘小小的船。那么，月亮的真实面目是什么样的呢？

其实月亮和地球一样，也是一个大圆球。月亮发生圆缺变化，是因为月亮在绕地球旋转的时候，它和太阳、地球的相对位置会相应地发生变化。月亮和地球一样，本

身不发光，是靠反射太阳光而发亮的。被太阳照射到的一面是明亮的，背着太阳的一面是黑暗的。

　　月亮每个月都要自西向东绕地球运行一周，地球、月亮和太阳的位置天天都在变化。有时月亮是把明亮的一面正对着地球，有时侧对着地球，有时甚至把明亮面背向地球。这样，我们从地球上看到月亮的反光部分有时大，有时小，有时根本看不见，这就是月亮圆缺变化的秘密。

在自然现象中，日食、月食是常见的自然奇观。直至今天，许多教派还赋予日食和月食宗教的色彩。

古时候，人们不懂得月食发生的科学原理，像害怕日食一样，对月食也心怀恐惧。

外国有这样的传说，16世纪初，哥伦布航海到了南美洲的牙买加，与当地的土著人发生了冲突。哥伦布和他的水手被困在一个墙角，断粮断水，情况十分危急。

懂点儿天文知识的哥伦布知道这天晚上要发生月全食，就向

土著人大喊："再不拿食物来，就不给你们月光！"到了晚上，哥伦布的话应验了，果然没有月光。土著人见状诚惶诚恐，赶快和哥伦布化干戈为玉帛。

在我国古代，也有"天狗吃月亮"的传说。不管现在人们是否相信这些传说，但它反映出人们对这种自然现象的强烈关注。月食是一种特殊的天文现象，是指当月球运行至地球的阴影部分时，在月球和地球之间的地区会因为太阳光被地球遮蔽，就看到月球缺了一块儿。此时的太阳、地球、月球恰好在同一条直线上。

延 伸 阅 读

地球在背着太阳的方向会出现一个阴影，称为"地影"。地影分为本影和半影。本影是指没有受到太阳光直射的地方，而半影则指受到部分太阳直射的部分。月球在环绕地球运行的过程中有时会进入地影，这就会产生月食现象。

月球的背面

月球总以一个面对着地球，是因为月球自转周期和公转周期相当接近。月球公转周期为27.321661天，自转周期27.32166155天，两者非常接近，所以月球总是以同一面面对地球。

月球的自转周期与公转周期并不完全吻合只是非常接近，而且月球一直受到一个力矩的影响导致自转速度减慢，因此月球背向我们的那一面是在逐渐变化的，只是这个变化速度很慢，对于几个世纪来说，可以说月球总是以相同的一面朝着我们。

由于月球的轨道是一个倾斜的椭圆形轨道，它在不同的轨道位置面向地球的一面稍有不同，所以人们从地球上可以观测到月球整个表面的59%。

它的背面形态是什么样的呢？人们一直无从了解，直至1959年10月，前苏联的"月球"3号探测器拍得了月亮背面的第一批照片，才使人们看到了月亮背面的概貌。

月球背面与月球正面有显著差异，最大差异是它的大陆性。在总共30来个月球"海洋"和"湖""沼""湾"等凹陷结构中90％以上都在正面，约占正半球面积的一半。月球背面上完整的"海"只有两个，还不到背面面积的10%，其余90％多的地方都是山地，山地的分布呈现出几个巨大的同心圆结构，地形严重凹凸不平，起伏悬殊，这种地势是正面所没有的。

宇宙中的星体，其公转周期和自传周期之间并无明显的相关联性，为什么月球的公转周期会与自传周期如此接近呢？这种巧合发生的概率究竟是多少？

科学家解释说这是"潮汐锁定"的结果。正如同月球使得地

球自转减慢，过去地球也曾使月球的自转变慢，当最后月球自转周期等于它的公转周期时，月球上两处因引潮力而形成的隆起就永远停驻不动，因而不再拖慢自转。

这种因引潮力而减慢自转，终于达成自转、公转同步现象的效应，这也存在于许多太阳系中的其他卫星。

可以预期，地球的自转转速总有一天会降到与月球公转同步，那时地球和月球就会永远以同一面彼此相望，就像现在的冥王星和它的卫星一样。

延伸阅读

当一个天体绕行另一个天体公转时，就会产生潮汐摩擦，从而使其自转减慢，慢到最后会出现以同一面持续面对另一天体的状态，这种现象就是潮汐锁定。潮汐锁定最明显的例子就是地球锁定月球。

去月球上找水

对于生命来说，水的问题是至关重要的，人体在没有水的情况下连一星期也维持不了。1998年3月5日，美国国家航空和航天管理局的科学家们向全世界郑重宣布：他们在月球表面陨石坑阴暗的深处发现了水。

科学家们指出，在月球上发现水对人类走向太空具有里程碑式的意义。因为离地球最近的月球有可能因此成为人类探测太阳系其他星球的跳板和中转站。他们认为，即使月球上水的储量只有3300万吨，也可保证24万人在月球表面生活100多年。

随着美国科学家连续发布在木星、土星和月球上都找到水痕迹的消息，世界航天界再次把目光凝聚在地球外生命的探索上。

1987年，美国UFO学者科诺·凯恩奇在观察美国"阿波罗"8号宇宙飞船所拍摄的照片时发现一个发亮的圆形物体，经过对照片进行放

大，这个圆形物体正是一个UFO，其体形大得不可思议。

后来，照片上又显示出许多其他飞碟，还有其他矗立的物体。有的UFO直径约为20000米，相当于地球上的一座城镇。

1987年，前苏联人造卫星对月球拍照的照片显示：月球上放着美国空军在第二次世界大战时失踪的一架重型轰炸机。

这架飞机表面布满了一层绿色物体，似乎刚从海里打捞上来一样。绿色物体有可能是青苔。

后来，那架轰炸机已经没有踪迹了。科学家们大惑不解：这么庞大的巨型轰炸机是如何被运上月球的呢？是何种生命体干的？又为何把它藏匿起来了？

联想到月球上出现过UFO，再联想到月球上出现的水，UFO学者推测月球上的巨型轰炸机是UFO的操纵者，也就是活动在地球之外的超级智能生命搬运的。

　　也就是说，月球上是存在着人工所造的生存条件的，这种条件以一个关键因素为基础，即月球水。由此可以想象，在神秘的太空中还有智慧生物在活动，它们来无影去无踪，那么人类能不能发展到这种程度呢？这种假设也是可能的，但它需要时间。也许若干年后，人类也能达到这种程度。

延 伸 阅 读

　　月球是被人们研究得最彻底的天体。人类至今第二个亲身到过的天体就是月球。月球曾经被人工改造过。从"阿波罗"号宇航员拍摄的一些月面环形山的照片发现，环形山上分明留有人工改造过的痕迹。

月亮的阴晴圆缺

中秋节是我国的传统节日，为每年农历八月十五。农历八月为秋季的第二个月，古时称为仲秋，因处于秋季之中和农历八月之中，故民间称为中秋，又称秋夕、八月节、八月半、月夕、月节，又因为这一天月亮满圆，象征团圆，又称为团圆节。

俗话说"月到中秋分外明",每年都有12个月,每月阴历十五,月亮都要圆一次。可是为什么月到中秋分外明呢?

天文专家解释说,月亮到了农历八月十五这天显得格外明亮,是秋天特有的清爽气候所形成的。冬春两季,风沙比较大,气候干燥;夏季多雨,空气中有大量的水汽。这些情况都会使月光通过大气时变得黯淡。而秋季多晴朗天气,秋风较弱,大气中的水汽和尘沙较其他季节少,月光通过大气时受空气中的尘沙和水汽折射少,自然要比其他季节明亮得多。

从气象学观点看是有一定道理的。因为每当这个时候，北方吹来的干冷气流迫使夏季一直回旋在我国大部分地区上空的暖湿空气向南退去，天空中云雾减少了。

同时，太阳倾斜度渐渐变大，地面得到太阳光热逐渐减少，气温一天比一天低了，干燥、寒冷的冬季风使水汽降低，空气透明，因而秋高气爽，夜空如洗，月亮分外皎洁，使人产生月到中秋分外明的感觉。

当然这也是相对的，从天文学的角度看，月亮也不一定只有在中秋才分外明。因为月亮是反射太阳光才亮的，故在地球上看来，月光的强弱既与地球看到月亮的反光面大小有关，又与月亮距地球远近及月亮离太阳远近有关。

当月亮反射太阳光的月面最大而近于正圆形时，月光应是最明亮的，一般在农历每月十五或十六，甚至十七。同时，月亮绕地球旋转轨道是椭圆形的，近地点也不一定是十五。另外，地球

绕太阳旋转轨道也是椭圆形的，近日点一般都在农历十一、二月，不在八月。由此可见，月到中秋分外明的说法也是相对而言的，它包含着人们的某种寄托和情思。

延 伸 阅 读

月食是一种特殊的天文现象。指当月球行至地球的阴影后时，太阳光被地球遮住。所以每当农历15日前后可能就会出现月食。

找不到金子的金星

金星的地形地貌

金星的表面温度高达450摄氏度，表面没有一滴水珠，表面2/3是丘陵地，最高处达2500米以上，上面有特别多的火山口；另外的部分是纵横交错的高原和深谷，这里温度低于50摄氏度。在山区发现一些火山，其中有的高达11000米。平坦低地约占表面的30％，看起来非常像月海。

金星上的火山分布

金星上可谓火山密布，是太阳系中拥有火山数量最多的行

星。已发现的大型火山和有火山特征的有1600多处。此外，还有无数的小火山，没有人计算过它们的数量，估计总数超过10万，甚至100万。

金星火山造型各异。除了较普遍的盾状火山，这里还有很多复杂的火山特征和特殊的火山构造。

到目前为止，科学家在此尚未发现活火山，但是由于研究数据有限，因此，尽管大部分金星火山早已熄灭，仍不排除小部分依然活跃的可能性。

金星上的环境

金星的天总是橙黄的。因为它的大气密度太大，使得紫色、蓝色和淡蓝色光线都散射掉了。甚至连山岩、石头也是橙黄色的。金星的大气主要由二氧化碳组成，并含有少量的氮气。金星的大气压强非常大，为地球的90倍，相当于地球海洋中900米深度时的压强。

金星表面风速特别小，每秒都在一米以内，但金星在大气压条件下，风的呼叫声是特别大的。金星上也有雷电，曾经记录到的最大一次闪电持续了15分钟。

金星上的岩石

金星上也许存在放射强度与地球上的玄武岩和花岗岩相似的岩石。金星上最多的是玄武岩，而且地区不同，其成分也不同。低地上大部分是火山熔岩产物，成分与地球海洋地壳相同，这种岩石叫高钾含量碱性玄武岩。高原上的玄武岩含钾和镁的成分非常大。金星玄武岩的成分有硅、铝和铁等，与地球上玄武岩的成分非常相似的，这说明了太阳系所有行星的演化特征。

金星上能找到黄金吗

与水星上没有水一样，金星上也找不到黄金。金星是除了太阳和月亮之外，天上最为明亮的星星。

1797年12月10日，拿破仑从意大利返回巴黎时，本来有许多人在大街上恭候这位富有传奇色彩的统帅，可是他发现，这些欢迎者在他出现的时刻，却把目光一齐转向了西边的天空，都在观看金星，弄得他大为恼火。

　　金星的光比天狼星还强14倍，即使把全天7000来颗可见恒星的星光合起来也只不过比金星略微亮20%左右。

　　总而言之，目前人们对金星的探测已取得相当多的成果。人们对这颗行星的认识正逐步加深。总有一天，人们会将它的神秘面纱一层层揭开。

延 伸 阅 读

　　2008年，欧洲航天局"金星快车"探测器在金星大气中探测到了高浓度二氧化硫气体。一些科学家推测，这些二氧化硫可能来自金星表面火山近期的喷发。不过也有学者对此表示了怀疑，认为这些二氧化硫也可能是金星表面火山在1000万年前喷发后的残留物。

木星上的大红斑

　　大红斑是木星的一个特征，它大到足以圈下3个地球。1660年，人类对这块大红斑作了首次描述，多年来，人们一直在观察它。现在它已经改变了颜色和形状，但它从来没有完全消失过。

目前普遍认为，它是木星上层大气中一次持久的风暴。

早在几百年前，天文学家就发现木星的表面有一个奇特的大红斑。这个大红斑长近40000千米，宽10000多千米，呈卵圆形。

大红斑的大小和颜色不断变化，长度在20000千米至40000千米之间变化，有时它非常明亮，颜色艳丽，有时又变淡，颜色变浅。

但大红斑中心的纬度却基本上固定不变，就好像是有什么东西把它拴在了木星上。

直至看了探测器发回的大量照片，人们才对木星大红斑有了

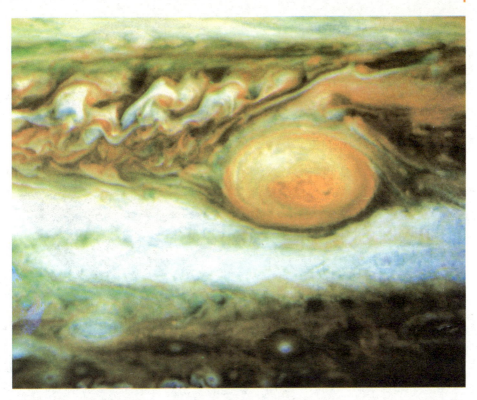

了解。大红斑其实是一团急骤上升的强劲下沉气流，它逆时针方向旋转，高高地矗立于云层里。云层之中还有不少大小不等、形状各异的斑点，也都是木星大气运动造成的，只是不如大红斑那么巨大醒目。

这个气流物质中含有大量的红磷化物，所以呈深褐色。木星大红斑的面积足有3个地球那么大，其表面温度非常低，大约为零下160摄氏度。

这个大红斑的位置并不是固定不变的，而是在不断地移动。木星的大红斑大致位于南纬23度处，它的南北宽度经常保持在14000千米，东西方向上的长度在不同时期有所变化，最长时达40000千米左右，一般长度在20000千米至30000千米。

在大红斑中心部分有个小颗粒，是大红斑的核，其大小约几百千米。这个核在周围的逆时针旋涡运动中维持不动。大红斑的寿命很长，可维持几百年或更长久。

根据最新的观测结果显示，科学家发现木星大红斑中红色最明显的区域印证了冷风暴系统内部存在热核心的理论，而观测图像中风暴边缘深色的线条显示出风暴爆发所释放出的气体正在向星球的内部漫延。

延 伸 阅 读

木星大气的厚度有10000多千米，这些大气主要由氢和氦组成，也存在少量的氨气和甲烷。在木星大气中，氢大约占82%，其次是氦，约占17%；这些气体形成了大块的云朵，飘浮在木星表面的上空。

木星的三大法宝

木星的磁场

木星有较强的磁场，强度达3高斯至14高斯，比地球表面磁场强得多，地球表面磁场强度只有0.3高斯至0.8高斯。

木星的正磁极指的是地球南极，由于木星磁场与太阳风的相互作用，形成了木星磁层。

木星磁层的范围大而且结构复杂，在距离木星140万千米至700万千米之间的巨大空间都是木星的磁层，而地球的磁层只在距地心50000千米至70000千米的范围内。

木星的4个大卫星都被木星的磁层所屏蔽，使之免遭太阳风的袭击。地球周围有条称为范艾伦带的辐射带，木星周围也有这样的辐射带。

1981年初，"旅行者2号"探测器在早已离开木星磁层飞奔

土星的途中，曾再次受到木星磁场的影响。

　　由此看来，木星磁尾至少拖长到6000万千米，已达到土星的轨道上。

木星的极光

　　木星的两极有极光，这是从木卫一上火山喷发出的物质沿着木星的引力线进入木星大气而形成的。太阳风到达木星这么远的地方，带电粒子也衰减得很多了，但由于木星强大的磁场，仍然可能捕捉到太阳带电粒子，这在理论上完全成立，过去却一直没有观测到。

　　1979年，"旅行者1号"探测器在转到木星的背面时，观看到了一场动人的极光"演示"，夜幕中，一条长约30000千米的巨形光带，在长空摇曳生姿，翩翩舞动。

木星的光环

1979年3月，"旅行者1号"探测器在考察木星时，拍摄到木星环的照片，不久，"旅行者2号"探测器又获得了木星环的更多情况，终于证实木星也有光环。

木星环像个薄薄的圆盘，很暗，也不大。由大大小小的黑色块状物构成，外围离木星中心12万千米。光环分为内环和外环，外环较亮，内环较暗，几乎与木星大气层相接。光环也环绕着木星公转，7小时转一圈。

木星体积巨大之谜

　　木星是太阳系中体积最大的一颗行星，科学家研究发现，它体形如此巨大的原因是它曾吞噬了一颗相当于地球10倍大小的行星。

　　科学家认为，木星曾与一个相当于地球10倍大的星体碰撞，它的内核中的金属等重元素物质在剧烈的撞击中汽化，与大气中的氢气和氦气混合在一起，这也是木星大气层密度较大的原因。而那颗本可以成长为大型行星的星体则在这场碰撞中被木星吞噬殆尽。

　　这个最新研究成果揭示了在太阳系形成之初，各个行星之间曾经展开过残酷而激烈的"生存竞争"。当时的太阳系是一个弱

肉强食的战场，小行星之间不断发生碰撞结合，产生的较大行星则继续吞噬其他小行星。

事实上，我们的地球也是在这样的过程中诞生的，两颗体积相当于火星和金星的星体撞击在一起，形成了早期的地球和月球，当时地球的温度达到7000摄氏度，岩石和金属都被熔化。

延 伸 阅 读

1994年7月，"苏梅克－列维9号"彗星碰撞木星，具有惊人的现象，甚至用业余望远镜都能清楚地观察到木星表面的现象。碰撞残留的碎片在近一年后还可由哈勃望远镜观察到。

火星上发生的尘暴

    火星上也有尘暴。1971年，当美国的"水手9号"火星探测器刚刚走了一半的路程时，整个火星正被一场大尘暴所包围。火星表面70000米至80000米的高空被尘埃笼罩，白茫茫的一片，根本无法观测，除了赤道附近隐约见到4个坑洞外，其他地方模糊一片，什么也看不清。这场特大尘暴竟连续不断地刮了半年时间才渐渐平息下来。这在地球上是从未有过的。

    火星表面的尘暴，是火星大气中独有的现象，其形状就像一

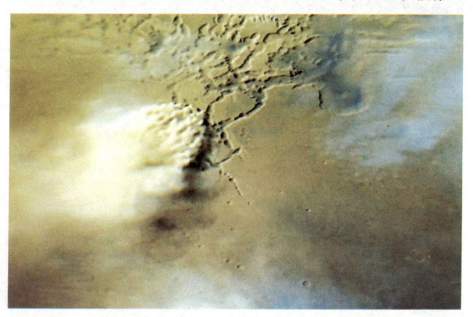

种黄色的云。整个火星一年中有1/4的时间都笼罩在漫天飞舞的狂沙之中。

由于火星土壤含铁量甚高，导致火星上的尘暴染上了橘红的色彩，空气中充斥着红色尘埃，从地球上看去，犹如一片橘红色的云。

火星上风暴的风速之大是无法形容的。地球上的大台风，风速是每秒60多米，而火星上的风速竟高达每秒180多米。经过几个星期之后，尘暴很快蔓延开来，并从南半球发展到北半球，甚至把整个火星都笼罩在尘暴之中。

形成全球性大尘暴后，太阳对火星表面的加热作用开始减

弱，火星上温差减小，尘埃逐渐平息下来，回降到表面，一次长达好几个月的大尘暴就这样结束了。

火星尘暴是如何形成的呢？一般的解释是，太阳的辐射加热起了重要作用，特别是火星运行到近日点，太阳的辐射非常强，引起火星大气的不稳定，使昼夜温差加大，而加热后的火星大气上升便扬起灰尘。

当尘粒升到空中，加热作用更大，尘粒温度更高，这又造成热气的急速上升。热气上升后，别处的大气就来填补，形成更强劲的地面风，从而形成更强的尘暴。

这样一来，尘暴的规模和强度不断升级，甚至蔓延到整个火

星，风速最高可达每秒180米。由此可见火星尘暴的厉害。

火星尘暴时有发生，但多半是局部性的。

局部尘暴在火星上经常出现。那是由于火星大气密度不到地球的1％，风速必须大于每秒40米至50米才能使表面上的尘粒移动，但一经吹动之后，即使风速较小，也能将尘粒带到高空。典型的尘暴中绝大部分尘粒估计直径约为10微米，最小的尘粒会被风带到50000米高空。

延 伸 阅 读

火星尘暴是火星大气中独有的现象，科学家们认为，这是因为此时太阳对火星表面的加热作用比较大，热空气上升，尘埃扬起，尘暴开始形成，并且慢慢扩展。

到火星上寻找生命

关于生命存在的争论

火星的外表虽然伤痕累累，但是现在已经有许多科学家认为：火星地表之下，有可能生存着最低级的、类似细菌或病毒的微生物有机体。另一些科学家虽然感觉到火星上现在根本不存在生命，但并不排斥这样一种可能性：在某个极为遥远的古老时期，火星可能曾经出现过"生物繁盛"的时代。

这些争论的范围不断扩展。其中的一个关键因素就是：从作为陨石到达了地球的火星碎片或岩石当中，是否找到了一些可能存在过的微生物化石，是否找到了生命过程的化学证据。这个证据，必须连同对生命过程进行的那些肯定性实验结果一同被定了下来，即"海盗号"登陆车就曾经进行过的此类实验。

生命的烙印

火星上干涸的河床构造是否显示曾有过生命存在？吉尔伯特·莱文却不认同。他为此进行了"放射性同位素跟踪释放"实验，而这个实验则显示出了准确无误的积极读数。他当时想公布这个结果。

1996年8月，美国宇航局宣布，他们在编号ALH8400的火星陨石中，发现了微生物化石的明显遗迹。这时，莱文公布了实验结果。美国宇航局公布的证据，支持了莱文本人的观点，即这颗红色星球上一直存在着生命，尽管那里的环境极为严酷："生命比我

们所想象的要顽强。在原子反应堆内部的原子燃料棒里发现了微生物；在完全没有光线的深海里，也发现了微生物。"

英国欧佩恩大学行星科学教授柯林·皮灵格也同意这个观点。他说："我完全相信，火星上的环境曾一度有利于生命的产生。"他还指出，"有的实验证明，在150摄氏度高温里也有生命形式存在。你还能找到多少比生命更顽强的东西呢？"

生命存在的依据

科学家们认为，没有液态水，任何地方都不可能萌发生命。假如这是正确的，那么，火星过去和现在存在着生命的证据，就必然非常明显地意味着：火星上曾经充满过大量的液态水。

但是，这并不必然意味着任何生命都不能在火星上存活。恰恰相反，最近一些科学发现和实验已经表明：生命能够在任何环境下繁衍，至少在地球上是如此。

在地球上，休眠的微生物被琥珀包裹了数千万年而保存下来。1995年，美国加利福尼亚州的科学家曾经成功地使这些微生物复活，并把它们放在了密封的实验室里。另外一些有繁殖能力的微生物有机体，已经从水晶盐当中被分离了出来，它们的年龄超过了两亿年。

科学家的继续探索

随着美国宇航局对火星的继续探索，科学家们相信，火星和地球之间存在"交叉感染"的情况是极为可能的。的确，早在人类开始太空飞行时代以前很久，可能已经发生过这种"交叉感染"的情况了。来自火星表面的陨石落到地球上，同样，有人认为因小行星的撞击而从地球飞溅出去的岩石有时也可能会到达火星。

可以想象，地球上的生命本身就有可能是由火星陨石携带过来的，反之也是如此，生命体也可能被从地球上带到火星。火星上到底有没有生命？也许，直至人类的脚印踏上火星之前，它永远不会有一个明确的答案。

延 伸 阅 读

许多科学家认为：火星地表之下，有可能生存着最低级的、类似细菌或病毒的微生物有机体。

1877年，意大利天文学家斯基帕雷利对从望远镜里看到的火星上那些隐隐约约的直的暗沟时大吃一惊，这些暗沟就像海峡连接着大海一样，把一些宽广的暗区连接了起来，他称之为"Canali"，意大利语即"水道"的意思。

称为最大天体的彗星

有一种天体沿着椭圆形或抛物线、双曲线轨道绕太阳转。当它们离太阳很近的时候，受太阳光和热的影响，部分物质被蒸发成气体，并被推到头部的后方，成为一颗奇特的带尾巴的星，这就是彗星。

地球不只一次穿过彗星的尾巴，1861年曾穿过一次，1910年又穿过了哈雷彗星的尾巴，可是这次却给一些人带来了大恐慌，一些国家的报纸竟宣扬是世界末日的来临。不过，当地球

穿过哈雷彗星的尾巴时，地球上的一切都很正常。

原来，彗星的尾巴是由很稀薄的气体组成的，当地球穿过彗星的尾巴时，就好像气球穿过薄云一样，根本没有什么影响。

如果把太阳系比作一个大家庭，太阳就是一家之主，家庭成员有绕太阳运动的八大行星和绕行星运动的众多卫星，还有许多彗星……太阳庞大的身躯是地球的130万倍。

然而，在太阳系中，依照天体体积的大小定名次的话，太阳只能排第二，体积最大的天体应属彗星。

彗星的彗头直径一般在5000米至25000米间。可是1811年出现的大彗星，它的彗头直径超过180万千米，比太阳的直径还大

40多千米。有的彗星的彗头如果加上慧发，其直径达1000万千米，与太阳比起来，太阳只能算是个小弟弟。

彗星体积虽大，却轻如烟云，比太阳大上万倍的彗星，它的重量也只有太阳的2000亿分之一至2亿亿分之一，所以说彗星是一个外强中干的天体。

彗星是太阳系的成员，经常会出现在地球上空。1987年，天文学家就从望远镜发现了33颗彗星，只是一般都很暗，人们看不见。彗星的寿命不像一般天体那样长，它每接近太阳一次，就会损耗一些，天长日久，它就会自己碎解，变成流星和宇宙尘埃，飘散在宇宙之中。

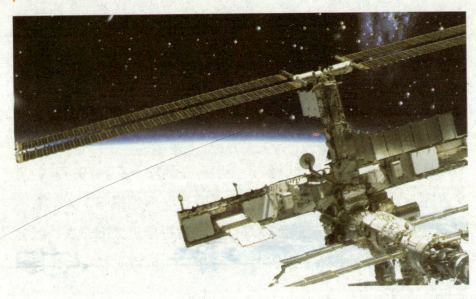

　　大多数彗星，每隔一段时间才能来到距离太阳和地球较近的地方，如哈雷彗星要每隔76年左右的时间才会来到太阳身边一次。哈雷彗星每回归一次，都要被蒸发掉4米厚的一层"皮"，损失1亿吨物质。天文学家预计哈雷彗星的寿命还有25000多年，最多再回归340次。

延　伸　阅　读

　　彗星通常是以发现者来命名，但有少数则以其轨道计算者来命名。同时，彗星的轨道及公转周期会因受到木星等大型天体影响而改变，它们也会因某种原因而消失，无法再被人们找到。

会变色的天狼星

    天狼星是大犬星座中最亮的星，它是离我们较近的一颗恒星，和地球相距8.7光年，它的亮度在天空中排行第六，所以，它也算是夜空中一颗比较明亮的星星了。

    但是，令人不可思议的是它的颜色。在古代的巴比伦、古希腊和古罗马的书籍里，记载的天狼星是红色的，而今天人们发现的天狼星却是一颗白色的星。

    6世纪，法国历史学家格雷拉瓦·杜尔主教写给修道院的训示手稿中有关于天狼星的记载。其中谈到天狼星是红色的，并且非

常明亮。科学家托马斯·杰斐逊在1892年，重新提起了红色天狼星的问题。

科学家塞内卡也把天狼星描述成暗红色的，且要比火星的颜色更深。虽然如此，并非所有的古代观测者都看到红色的天狼星，如1世纪诗人马卡斯把它描写为天蓝色。

在我国古代，白色是天狼星的标准颜色，早至公元前2世纪晚期至公元7世纪若干记录都记述天狼星呈现着白色的光芒。这是为什么呢？

1844年，德国天文学家贝塞尔发现，天狼星在天穹上移动的轨迹是波纹状的，而不是像其他恒星那样沿着直线前进。

　　贝塞尔认为，这种现象表现天狼星实际上是颗双星。双星之间的相互引力，使得天狼星一边旋转，一边前进，所以看起来才像沿着波纹状的路线移动一样。

　　直至1862年，美国天文学家克拉克用当时最大的望远镜，才在明亮的天狼星旁边发现了一个微弱的光点，它正好在预先推测的伴星位置上。

　　天狼星的伴星是一个白矮星，它的表面温度非常高，约为23000摄氏度，因而呈白色或蓝白色。但是由于体积很小，所以光度很小。天狼星本身亮度非常微弱，它的颜色是由其伴星起主导

作用的。

　　从星体演变理论得知，白矮星是天体中一种变化较快的巨星。它的前期段是红巨星，那时其核心温度可以达到一亿度，当然是相当明亮的，但是随着它的内部核燃料逐渐耗尽，它就暗了下来。

延　伸　阅　读

　　天狼星根据巴耶恒星命名法的名称为大犬座α星。在我国属于二十八星宿的井宿。天狼星是冬季夜空里最亮的恒星。天狼星、南河3和参宿4对于居住在北半球的人来看，组成了冬季大三角的3个顶点。

虚有其表的巨星

　　巨星指光度比一般恒星大而比超巨星小的恒星。恒星演化离开主序带后，体积膨胀，表面温度降低，变得非常明亮，因为这类恒星体积大约是太阳的10倍至100倍，所以被称为"巨星"。

光度级为 II 级的恒星称为亮巨星。对于具有一定的表面有效温度的亮巨星来说，它们的光度比巨星强而比超巨星弱。

超巨星的光度很大，说明其表面积显然比光谱型相同的非超巨星大。目前已测到一些蓝超巨星、黄超巨星和红超巨星的射电辐射，这对于研究其大气结构和活动，星周物质，星风和质量损失等问题十分重要。

巨星和超巨星的体积都十分庞大，有的比太阳大100倍乃至500倍，它们的质量却只有太阳的几倍至几十倍，因此它们的密度就比太阳的密度小很多。巨星的平均密度可以和地球上气体的密度相比，而超巨星的密度只有水的密度的1‰，原来这恒星世界

的巨人只是虚有其表的庞然大物。

　　红超巨星是超巨星中的一种。虽然它们的质量不是最大的，但体积却是宇宙中最大的恒星。质量超过10个太阳质量的恒星，在燃烧完核心的氢元素，进入燃烧氦元素的阶段之后，将成为红超巨星。这些恒星的表面温度很低，但有极大的半径。

　　已知在银河系内最大的4颗红超巨星是仙王座μ、人马座KW、仙王座V354和天鹅座KY，它们的半径都是太阳的1500倍以上。大部分红巨星的半径是太阳的200倍至800倍，已经足以到达并超越地球到太阳的距离。

　　蓝超巨星是恒星的恒星光谱分类中的第一级，光谱型为0或B型，属于超巨星的其中一种。它们的温度与亮度皆非常高，表

面温度为20000摄氏度至50000摄氏度，质量约为太阳的10倍至50倍。最有名的蓝超巨星是猎户座的参宿七，SN1987A也是一次蓝超巨星爆炸造成的结果，这也是天文学家首次观测到蓝超巨星爆炸。蓝巨星是恒星的恒星光谱分类中的第三级，为巨星的其中一种，蓝巨星拥有极高的亮度。

延 伸 阅 读

　　黄超巨星是光谱类型为F或G的超巨星。只有少数罕见的超新星与黄超巨星的系统有所关联。已经侦测到的此类超新星只有2颗，多数的超巨星都是在蓝色（高热）阶段或红色（低温）阶段就成为超新星了。

水星上的冰山

"水手10号"的观测

　　"水手10号"探测器对水星天气的观测表明，水星最高温427摄氏度，最低温零下173摄氏度，水星表面没有任何液体水存在的痕迹。

　　就算是我们给水星送去水，水星表面的高温也会使液体和气

体分子的运动速度加快，足以逃出水星的引力场。也就是说，要不了多久，水和蒸气会全部跑到宇宙空间，逃得无影无踪了。

水星上的大气压力不到地球大气压力的1/100万亿，水星大气主要成分是氮、氢、氧和碳等。水星质量小，本身吸引力不能把大气保留住，大气会不断地向空中飞逸。

水星上现在的稀薄大气可能是靠着太阳不断地抛射太阳风来补充的。从成分上也有相似的系统，太阳风的大部分成分就是氢、氮的原子核和电子。从水星光谱分析看，水星表面有点大气，但大气中没有水。

天文学家的发现

宇宙的奥妙无穷，常会有人们意想不到的事情发生。如在没有液体水，没有水蒸气的水星，人们却发现了"冰山"。

　　1991年8月，水星飞至离太阳最近点，美国天文学家用拥有27个雷达天线的巨型天文望远镜在新墨西哥州对水星观测得出破天荒的结论，即水星表面的阴影处存在着以冰山形式出现的水。

　　冰山直径15千米至60千米，多达20处，最大的直径可达到130千米。都是在太阳从未照射到的火山口内和山谷之中的阴暗处，那里的温度在零下170摄氏度。它们都位于极地，那里通常在零下100摄氏度，隐藏着30亿年前生成的冰山。由于水星表面的真空状态，冰山每10亿年才融化8米左右。

冰山是怎样形成的

　　天文学家解释说：水星形成时，内核先凝固并发生剧烈的抖动，水星表面形成褶皱，即高山。同时火山爆发频繁，陨星和彗

星又多次冲击，致使水星表面坑坑洼洼。至于水是水星原来就有的，还是后来由陨星和彗星带来的，看法上还有许多分歧。虽然，水星有水的说法未证实，但有水就可能有生命的存在。

延 伸 阅 读

古人根据初昏时北斗七星的斗柄所指的方向来决定季节：斗柄指东，天下皆春；斗柄指南，天下皆夏；斗柄指西，天下皆秋；斗柄指北，天下皆冬。

观 "牛郎" "织女"

　　牛郎星距离地球是16光年，织女星距离地球是26.3光年，它们之间的距离也十分遥远，是16.4光年，它们看起来只是两颗小小的光点。

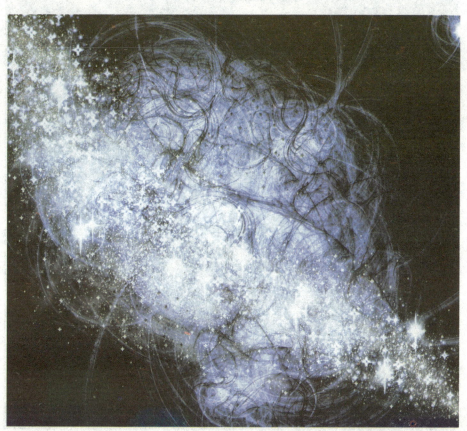

其实，牛郎星和织女星都是巨大的星球。织女星的体积是牛郎星的8倍，重量约是牛郎星的1.5倍，其表面温度高达8900摄氏度，比牛郎星高出近2000摄氏度。

古代传说牛郎织女农历七月初七鹊桥相会。实际上以牛郎星与织女星相距的距离，即使乘现代最快的火箭，几百年后也不可能相会。

牛郎星的正式名称是河鼓2，它是排名全天第十二的明亮恒星，呈白色。牛郎星两侧的两颗较暗的星为牛郎的一儿一女，即

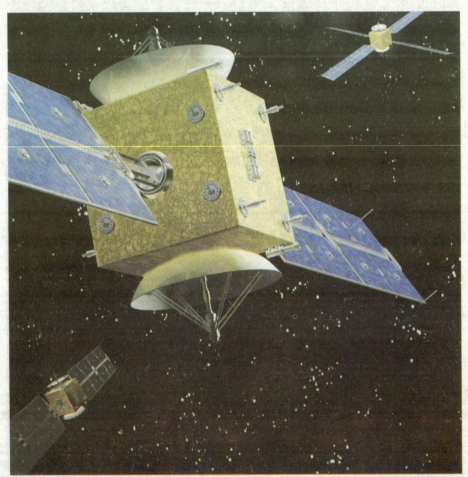

河鼓1、河鼓3。传说是牛郎用扁担挑着一儿一女在追赶织女呢！夏天，它和织女星、天津4星构成了"夏季大三角"。牛郎星位于大三角南端。排成一条直线的3颗星中最大最高的就是牛郎星，也叫作牵牛星。阿拉伯人把这3颗星叫作天平星，我们也把它们叫作担星。牛郎星是恒星，它的光辉是太阳的8倍，它以每秒33千米的速度接近太阳系。

织女星是一个椭球形的恒星，北极部分呈淡粉红色，赤道部分偏蓝。织女星每12.5小时自转一周，自转速度较快，所以整颗恒星呈扁平状，赤道直径比两极大了23%。

织女星的直径是太阳直径的3.2倍，体积为太阳的33倍，质量为太阳2.6倍，表面温度为8900摄氏度，呈青白色。它是北半球天

空中三颗最亮的恒星之一。

织女星和附近的几颗星连在一起，形成一架七弦琴的样子，西洋人把它叫作"天琴座"。它目前以每秒14千米的速度接近太阳系。

织女星1.3万多年以前曾经是北极星，由于地轴的进动，现在的北极星是小熊座α星。

然而，再过1.2万年以后，织女星又将回到北极星的显赫位置上。

延伸阅读

在织女星的旁边，有4颗星星构成一个小菱形。传说这个小菱形是织女织布用的梭子，织女一边织布，一边抬头深情地望着银河东岸的牛郎——河鼓2和她的两个儿子——河鼓1和河鼓3。

陨石坠落

陨石产生的影响

在行星的历史上，发生过巨陨石坠落导致地球灾变的事件。譬如，大约6000万年前，一颗质量为几十亿吨的陨石坠入地球，从而导致许多物种灭绝。与1908年发生的通古斯爆炸事件有关的一些全球性现象，更加说明了小彗星与地球相撞的后果。

极小陨石的坠落能对地球上的人类现实生活产生什么样的影响呢？这一问题是加拿大国家调查局天体物理学研究所的几位学者提出的。

陨石坠落的概率

研究人员在9年时间里，借助60部摄像机在加拿大西部进行了观测。积累的大量资料得以计算出陨石坠落的概率，即取决于陨石的质量。据此推测，陨石的总质量是摄像机所拍摄到的最大陨石残块的两倍多。

实际上，每年平均有大约39颗质量不小于100克的陨石落入100万平方千米的陆地上，那么每年有大约5800颗陨石落入整个地球的陆区表面。

陨石落入人群或房屋的概率有多大呢？研究人员做出了许多

推断：若按每一个人占0.2平方米的面积计算，落到人身上的最小陨石残块的重量不超过几克。通常200克以上的陨石块才能击穿屋顶和天花板。如果陨石的总重量为500克，那么5个残块中每一个都能击穿屋顶，但是，质量较小的陨石残块就不会导致这一后果。

陨石坠落事件

公元前3123年6月29日，一颗1600米长的陨石坠落在索达姆地区，导致数千人死亡，对100平方千米范围内造成破坏性打击。这次陨石碰撞相当于100万吨以上的TNT炸药爆炸，形成迄今世界上最大的山崩之一。

1954年11月30日，在美国亚拉巴马州的一个小城，一块重

3900克的陨石残块击穿了屋顶和天花板，击伤了一名正在睡觉的妇女。由此可见，观测与计算是相符的，不过陨石坠落直接伤人的事件是极为罕见的。

陨石落到屋顶的事件也时有发生。最近20多年里，在美国和加拿大研究发现的新坠落的陨石事件中，只有7起事件造成房屋严重受损，受损的房屋通常都是楼房和汽车库的屋顶。另外两起事件由于陨石质量小未能损坏屋顶。还有一颗重1300克的陨石击中一个邮箱，从而使它严重变形。如果考虑到一部分陨石坠落到公共设施和工业厂房的屋顶而不被注意，那么预测概率为：年均0.8次或20年间16次落到屋顶。所有这些均被观测所证实。

科学家的结论

科学家用外推法分析和研究了所获得的有关世界人口和各大陆的资料，进而得出一个结论：在世界50亿人口中，质量不小于100克的陨石坠落事件的概率为10年1人次。陨石击穿屋顶的概率也不过年均0.8次。

延 伸 阅 读

我国南极考察队于1999年、2000年和2002年3次组织考察，在位于南极冰盖深处的格罗夫山地区，总共发现了4482块珍贵的"天外来客"南极陨石，使得我国的陨石库在世界排名第三。

天王星的真面目

探测天王星的历程

1977年8月20日，"旅行者2号"探测器发射升空，它的使命是为了探测天王星。"旅行者2号"是一艘由美国国家航空航天局发射的无人宇宙飞船。它与其姊妹船"旅行者1号"基本上设计相同。不同的是"旅行者2号"循一个较慢的飞行轨迹，使它能够

保持在黄道（即太阳系众行星的轨道水平面）之中，借此在1981年的时候通过土星的引力加速飞往天王星和海王星。

1986年1月24日，"旅行者2号"在8年的漫长岁月和48亿千米的长途跋涉之后，才从距离天王星的最近点飞过。

为能接收来自"旅行者2号"上的微弱电波，美国宇航局把位于澳大利亚堪培拉的64米天线与澳大利亚帕克斯天文台的64米天线联机工作，以提高整个深空跟踪网的接收能力。

天王星光环的发现

1977年3月10日，出现了天王星掩恒星的罕见天象。各国天文学家都对此进行了深入研究，结果意外地发现天王星也有光环。此后，天文学家利用13次天王星掩恒星的机会，对天王星的光环进行了多次研究和反复调查。"旅行者2号"飞抵天王星之

前，天文学家确认天王星共有9个光环。

后来，"旅行者2号"在成功地拍摄了天王星光环的同时，还详细考察了已知的5颗卫星，并同时发现了10颗新的卫星，送回许多令人叹为观止的精彩照片。从这些照片看，这5颗老卫星的地貌多彩多姿，可称得上是太阳系固体天体表面地形的缩影。

天王星的真面目

"旅行者2号"从1986年1月10日开始传送回天王星本体照片，此次"旅行者2号"的观测资料表明，天王星氦的含量约为10%至15%。

天王星环绕太阳公转的姿态非常特别，它的赤道面与轨道面的倾角是97度55分，因此在天王星上，恰好与地球相反、太阳光

能长期照射它的两极。

　　"旅行者2号"还捕捉到天王星发出的射电波，这表明天王星有磁场存在。目前，人们对天王星的秘密破解了许多，但新的迷团又不断增加，要清楚认识天王星，还要科学家不懈地努力。

延　伸　阅　读

　　太阳系里的行星绕着太阳转动，或者各行星的卫星绕着行星而转动，都叫作公转。

　　磁场是一种看不见而又摸不着的特殊物质，它具有波粒的辐射特性。它是电磁场的一个组成部分，用磁场强度H和磁感应强度B表征。